САЛИХА ЕЛАББАС
Нааила ОУАЗЗАНИ

Электрокоагуляция и яичная скорлупа для борьбы с загрязнением хромом

САЛИХА ЕЛАББАС
Нааила ОУАЗЗАНИ

Электрокоагуляция и яичная скорлупа для борьбы с загрязнением хромом

очистка отходов хромового дубления с помощью комбинации электрокоагуляции и адсорбции

ScienciaScripts

Imprint

Any brand names and product names mentioned in this book are subject to trademark, brand or patent protection and are trademarks or registered trademarks of their respective holders. The use of brand names, product names, common names, trade names, product descriptions etc. even without a particular marking in this work is in no way to be construed to mean that such names may be regarded as unrestricted in respect of trademark and brand protection legislation and could thus be used by anyone.

Cover image: www.ingimage.com

This book is a translation from the original published under ISBN 978-620-6-70471-3.

Publisher:
Sciencia Scripts
is a trademark of
Dodo Books Indian Ocean Ltd. and OmniScriptum S.R.L publishing group

120 High Road, East Finchley, London, N2 9ED, United Kingdom
Str. Armeneasca 28/1, office 1, Chisinau MD-2012, Republic of Moldova, Europe
Printed at: see last page
ISBN: 978-620-7-23676-3

Copyright © САЛИХА ЕЛАББАС, Нааила ОУАЗЗАНИ
Copyright © 2024 Dodo Books Indian Ocean Ltd. and OmniScriptum S.R.L publishing group

ЭЛЕКТРОКОАГУЛЯЦИЯ И ЯИЧНАЯ СКОРЛУПА ДЛЯ УДАЛЕНИЯ ХРОМА

САЛИХА ЭЛАББАС

НААЙЛА УАЗЗАНИ

ПРЕДИСЛОВИЕ

В области рационального природопользования и очистки сточных вод инновации и эффективность необходимы для решения текущих и будущих задач. Кожевенная промышленность, в частности, сталкивается с серьезными проблемами из-за интенсивного использования хрома - элемента, который одновременно необходим и проблематичен с точки зрения его воздействия на окружающую среду. Отходы хромового дубления представляют собой значительную угрозу для водной среды и здоровья человека из-за своей высокой токсичности и устойчивости в экосистемах. В этом томе рассматривается инновационный подход к сочетанию электрокоагуляции и адсорбции с использованием неожиданного, но многообещающего материала - яичной скорлупы. Яичная скорлупа, часто игнорируемый отходный материал, обладает естественными адсорбционными свойствами, которые можно выгодно использовать в очистке сточных вод. В сочетании с электрокоагуляцией - методом, признанным за свою эффективность в снижении содержания различных загрязняющих веществ, - в данном исследовании предлагается потенциально революционное и экологически безопасное решение для очистки сточных вод от хромового дубления. Первая глава этой книги начинается с изучения электродов, наиболее часто используемых в электрокоагуляции, и рассматривает как фундаментальные принципы этого метода, так и лежащие в его основе механизмы реакции. В следующем разделе мы подробно описываем используемые материалы и экспериментальные методики, включая протоколы и приемы, которые применялись для оценки двух протестированных нами методов очистки.В третьем разделе работы приводится краткий анализ эффективности очистки хромового дубителя путем комбинированного применения рассматриваемых методов, а также сравнение эффективности комбинированного подхода и методов, используемых по отдельности.Эта книга надеется не только внести значительный вклад в науку об очистке сточных вод, но и способствовать использованию регенерированных материалов в экологических целях. Благодаря междисциплинарному подходу, объединяющему экологическую химию, технологию и инновации в области рециклинга, данное исследование призвано открыть новые пути для более устойчивого и экологичного будущего.

ОГЛАВЛЕНИЕ

ПРЕДИСЛОВИЕ.. 2

ВВЕДЕНИЕ 5

1 - СОСТОЯНИЕ ДЕЛ... 7

2-ЭЛЕКТРОКОАГУЛЯЦИОННЫЕ ПРОЦЕССЫ................ 14

3-АДСОРБЦИОННЫЙ ПРОЦЕСС 20

4.ИНТЕРПРЕТАЦИЯ РЕЗУЛЬТАТОВ 34

ЗАКЛЮЧЕНИЕ 42

REEFRENCES 44

ВВЕДЕНИЕ

Очистка сточных вод кожевенных заводов представляет собой серьезную экологическую проблему из-за высокой концентрации загрязняющих веществ, особенно тяжелых металлов и органических соединений. Среди новых методов решения этой проблемы сочетание электрокоагуляции и адсорбции на яичной скорлупе является перспективным решением, сочетающим в себе эффективность и экологичность. Электрокоагуляция - электрохимический процесс - включает в себя генерацию коагулянтов на месте путем анодного растворения электродов, обычно изготовленных из железа или алюминия. Этот метод отличается способностью устранять широкий спектр загрязнений, простотой эксплуатации и гибкостью конструкции. Однако эффективность электрокоагуляции может быть ограничена концентрацией загрязняющих веществ и затратами, связанными с потреблением энергии и заменой электродов. С другой стороны, адсорбция на материалах на основе яичной скорлупы представляет собой инновационный подход к очистке воды. Яичная скорлупа, состоящая в основном из карбоната кальция, обладает пористой поверхностью и структурой, способствующей адсорбции загрязняющих веществ. Использование яичной скорлупы, обильного и недорогого отхода, для очистки сточных вод кожевенных заводов не только повышает эффективность удаления загрязняющих веществ, но и способствует управлению отходами и сокращению экологического следа. Таким образом, сочетание электрокоагуляции и адсорбции яичной скорлупы представляет собой перспективный синергетический эффект для очистки отходов кожевенных заводов. Такой комплексный подход позволяет добиться максимального удаления загрязняющих веществ при оптимизации эксплуатационных и экологических затрат. Цель данной книги - изучить теоретические основы, преимущества, проблемы и перспективы этой технологической комбинации, уделяя особое внимание ее применению для очистки сточных вод кожевенных заводов. Рассматривая конкретные примеры, экспериментальные данные и анализ целесообразности, эта книга стремится стать всеобъемлющим источником информации для исследователей, инженеров и практиков в области очистки воды.

1 - СОСТОЯНИЕ ДЕЛ

В последние годы очистка сточных вод кожевенных заводов стала предметом многочисленных исследований и разработок. Электрокоагуляция и адсорбция на природных материалах - два наиболее широко используемых метода очистки сточных вод кожевенных заводов с точки зрения удаления хрома и ХПК.

1. ОБЩАЯ ИНФОРМАЦИЯ О КОЖЕВЕННЫХ ЗАВОДАХ

1.1 История и определение

Дубление - это процесс превращения шкур убитых животных в разнообразные готовые изделия. Он существует с доисторических времен. Самой древней системой дубления является растительное дубление шкур; оно заключается в использовании натуральных продуктов, таких как кора мимозы, кора пробкового дуба, кора граната, голубиный помет, ... и т. д., которые обладают особыми свойствами для превращения сырой шкуры в готовую кожу (PREM, 2004). Шкуры вымачивают в тазах или ваннах, содержащих все более крепкие растворы, до тех пор, пока они не станут дублеными, что может занять несколько недель или даже месяцев. Этот процесс используется в странах с низким уровнем развития технологий и в развитых странах для получения более прочной и толстой кожи (подошвы обуви, сумки, чемоданы и браслеты). Однако технический прогресс позволил сократить процесс дубления. В конце XIX века было введено химическое дубление с использованием минеральных солей, таких как сульфат хрома. Оно стало основным процессом производства более мягкой и тонкой кожи, придавая ей очень интересные свойства с точки зрения качества и эластичности, что способствует увеличению добавленной стоимости производимой продукции (рис. 1.1). В большинстве случаев сырые шкуры, полученные на бойнях, консервируются путем обработки солью для консервации и хранения. В процессе дубления на тонну шкур добавляется не менее 300 кг химикатов (Samake, 2008).

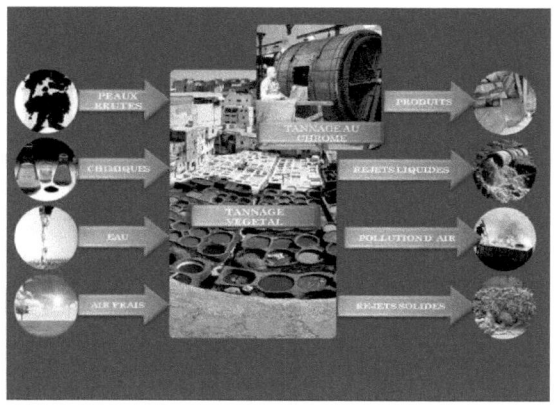

Рисунок I.1: Общий вид входов и выходов в процессе дубления.

1.2 Процесс дубления

Кожевенный сектор Марракеша включает в себя 49 предприятий. Традиционные кожевенные заводы, которых насчитывается 21, расположены в старой Медине города Марракеш, а точнее, в районе Баб-Дбаг. Однако из 28 полукустарных кожевенных заводов в провинции Марракеш 21 находится в Баб-Дбаге. Остальные расположены в гаражах Arsat Mly Bouazza в медине и в Hay elhassani (Hydroprotec-consult, 2009). В целом, классический процесс дубления проходит в четыре этапа (рис. 1.2): Первый этап, известный как речная работа, состоит в подготовке шкуры к дублению путем превращения сырой шкуры в трипсовую шкуру с помощью следующих процессов: Ревердисаж (вымачивание): в основном заключается в удалении соли из шкуры. консервация (300-350 кг соли на тонну шкур). В воду для отмачивания добавляют дезинфицирующие средства, такие как хлор и бифторид натрия. Они предотвращают гниение шкур. Другие химические вещества, такие как каустическая сода и сульфид натрия, а также смачивающие агенты, также добавляются в воду, чтобы ускорить процесс восстановления сухих или пересушенных соленых шкур. Удаление волос и пилинг: удаление волос с помощью Na2S и извести. Эта операция выполняется в барабане фуллера и требует от 100 до 300 литров воды, от 1 до 3 кг Na2S и от 3 до 4 кг извести на 100 кг соленых шкур. Время реакции варьируется от 24 до 48 часов в зависимости от толщины обрабатываемой кожи. pH ванны варьируется между 11 и 12. В конце операции образовавшиеся растворимые соли удаляются путем промывки водой. Обезволашивание: заключается в выдергивании волосков вручную или механическим способом, после чего следует обезжиривание: первый этап - механический, заключается в удалении подкожной клетчатки вручную с помощью ножа для обезжиривания или с помощью автоматических машин (машин для обезжиривания). Следует отметить, что химическая обработка в данном случае неэффективна, так как волокна, составляющие дерму и подкожную клетчатку, относятся к одному типу. Делимитация: Затем шкуры делимитируются (нейтрализуются) для снижения pH с 12,5 до 8,5 (когда кожа очень близка к минимальному набуханию) путем добавления хлорида или сульфата аммония. Действие протеолитических ферментов нейтрализует высокую щелочность известкованных шкур. Второй этап - процесс дубления, который обычно включает в себя следующие процедуры: пикелевание - подкисление шкуры муравьиной кислотой - и дубление. На кожевенных заводах овечьи шкуры обезжиривают до (или после) пикелевания или дубления. Дубленые шкуры, превращенные в устойчивый к гниению материал, называемый кожей, являются товарным промежуточным продуктом ("влажно-голубая" кожа). При растительном дублении сырые шкуры погружают в ванны, насыщенные все более сильными растительными веществами, до тех пор, пока они не станут дублеными. Однако для хромового дубления чаще всего используется процесс фуллирования, при котором шкуры до конца процесса дубления выдерживаются в коллоидном растворе сульфата хрома (III). Третий этап - процесс дубления, который следует за дублением. Обычно он включает в себя следующие процессы: отжим, намотку, расщепление, удаление ржавчины, повторное дубление, окрашивание, подачу (жирование) и сушку. После дубления шкура подвергается операциям, направленным на придание коже нужной формы и состояния. Ее вынимают из раствора и отжимают лишнюю воду. После хромового дубления кожа должна быть нейтрализована. Четвертый этап включает в себя отделочные операции, которые включают в себя несколько видов механической обработки, а также нанесение поверхностного слоя. Обычно на кожевенных заводах применяется комбинация следующих процессов: темперирование, палисадирование, шлифование, финиширование, фуллирование, разглаживание и тиснение.

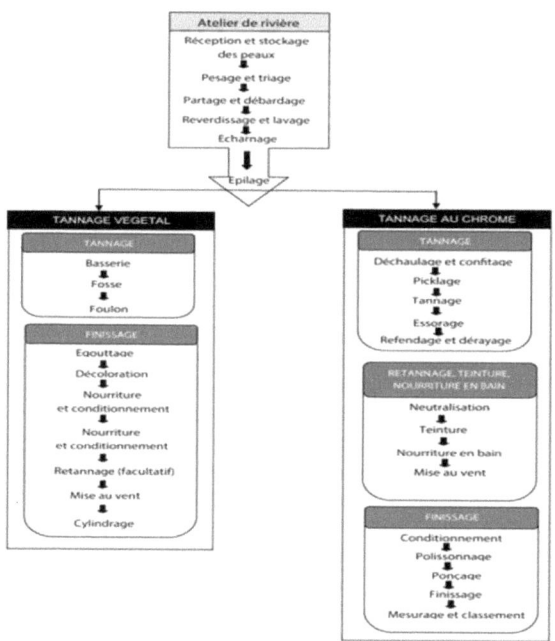

Рисунок I. 2: Процесс производства кожи

1.3 Загрязнение от кожевенных заводов

Поскольку кожевенные заводы нуждаются в воде, они часто расположены вблизи водотоков (например, Oued Sebou и Oued Tensift), в которые сбрасываются жидкие отходы. Производственный коэффициент для этих сбросов составляет 500 литров хромового или растительного танина на тонну обработанной шкуры. Как и другие виды промышленности, этот сектор находится на втором месте, создавая около 42 % общей нагрузки загрязняющих веществ (REEM, 2015). В Марракеше кожевенные заводы вносят основной вклад в загрязнение реки Уэд-де-Тенсифт из-за высокого содержания хрома. Жидкие стоки с кожевенных заводов в городе Марракеш сбрасываются непосредственно в окружающую среду без предварительной очистки, что вызывает ряд вредных последствий для окружающей среды. Хром, содержащийся в стоках, попадает в окружающую среду, где он может подвергнуться реакциям окисления и превратиться в Cr(VI). Cr(III) может окисляться до Cr(VI) в присутствии MnO_2 и микроорганизмов (Bartlett and James, 1979). Действительно, из-за содержания хрома сточные воды кожевенных заводов должны утилизироваться на специальных полигонах (Samake, 2008; Tiglyene, 2008).

I.4 Экологические нормы Как и другие отрасли промышленности, кожевенное производство в Марокко представляет собой серьезную экологическую проблему, поскольку сбрасывает большое количество загрязняющих веществ, особенно хрома и органических веществ. В связи с этим в последнее десятилетие в области охраны окружающей среды был принят ряд законов и нормативных актов, которые все чаще требуют от предприятий соблюдения действующего законодательства в области охраны окружающей среды. Согласно Декрету № 2-04-553 от 13 Hija 1425-ВО (24 января 2005 года), касающемуся сбросов, стоков, сбросов и прямых и косвенных отложений в поверхностные или подземные воды, плата за сброс взимается со всех жидких стоков в зависимости от степени их загрязнения. Следовательно, все кожевенные предприятия должны сначала определить характеристики своих стоков, затем попытаться переработать их, если это возможно, прежде чем рассматривать вопрос об их очистке. Кроме того, в случае несоблюдения эти предприятия должны выплачивать штрафы. Для любого нового объекта, работы или разработки требуется проведение оценки воздействия на окружающую среду (ОВОС) (дахир N° 1-03-30 от 10 рабии I 1424 (12 мая 2003 г.), обнародовавший закон N° 12-03) для получения административного разрешения на проект, который может оказать негативное воздействие на окружающую среду. Часть I: Библиографическое резюме 8 Кроме того, в целях защиты водных ресурсов и ограничения загрязнения окружающей среды недавно были созданы финансовые инструменты для проектов по очистке от загрязнения, такие как FODEP (Фонд очистки промышленных и ремесленных предприятий), управляемый Министерством охраны окружающей среды. Компании с балансом менее 200 миллионов динаров могут получить 20-40% государственной субсидии в сочетании с 20-60% банковских кредитов, подав заявку с подробным проектом. В результате несколько санитарных служб (RAMSA, RADEEF и др.) и ONEE оказывают поддержку промышленным компаниям в разработке проектов по очистке или переработке сточных вод. предварительной очистки перед сбросом в принимающую среду (доклад "Горизонт 2030" по Средиземноморью, 2024 г.).

2. ПРОЦЕССЫ ЭЛЕКТРОКОАГУЛЯЦИИ

2.1 Происхождение и развитие

Использование электрокоагуляции (ЭК) для очистки сточных вод началось еще в конце XIX века. Первые документально подтвержденные случаи применения этой технологии связаны с американским патентом, поданным в 1880 году Вебстером, о чем упоминает Пикард в 2000 году. В этом патенте описывалось использование железных электродов для вызывания флокуляции в морской воде - процесса, при котором взвешенные частицы агломерируются, образуя более крупные агрегаты, что облегчает их удаление. Эта инновация быстро нашла практическое применение. Вдохновившись патентом Вебстера, в том же году в Лондоне была построена станция очистки сточных вод, а затем еще одна в Солфорде, Великобритания. Эти установки были предназначены для очистки городских сточных вод, что ознаменовало первые значительные шаги в промышленном применении ЭК. В 1909 году значительное развитие этой технологии произошло благодаря Харрису, который запатентовал улучшенную версию процесса. В его методе аноды были изготовлены из железных и алюминиевых пластин. Такая комбинация материалов обеспечивала большую эффективность в образовании флокул - важнейшем этапе очистки воды. Внедрение этого процесса продолжилось в США, где в 1912 году были построены еще две станции очистки сточных вод, основанные на принципе EC. Однако, несмотря на эти достижения, в 1930-х годах использование EC сильно сократилось. Беннаджа в 2007 году указывает, что эти установки были закрыты из-за высоких эксплуатационных расходов, почти в два раза превышающих стоимость традиционных химических методов очистки. В 1940-х годах Стюарт и Бонилла провели исследования электрохимических процессов в водоподготовке. Хотя их работа способствовала лучшему научному пониманию ЭК, она не привела к широкому распространению технологии в то время, как отмечает Зоди в 2012 году. Эти ранние разработки заложили основы современной электрокоагуляции - метода, который, несмотря на свои исторические взлеты и падения, сегодня признается за свой потенциал в очистке сточных вод, особенно с появлением более совершенных и экономически выгодных технологий и материалов. Однако в конце XX века электрокоагуляция пережила ренессанс и стала представлять большой интерес как для промышленников, так и для ученых. С тех пор интерес к процессам электрокоагуляции продолжает расти, и было проведено несколько исследований по применению этого процесса для различных типов стоков. В таблице 1.1 приведены некоторые примеры, разработанные за последние несколько десятилетий.

Таблица 2.1: Примеры типов сточных вод, обрабатываемых электрокоагуляцией

Используемые электроды	Очищенный сток	Эффективность	Ссылка
Алюминиевые электроды	Текстильные стоки	Коэффициент устранения составляет 97% и 95% для абсорбции и мутности соответственно.	Тиаиба и др, 2022
Алюминиевые электроды и железо	Кожевенные стоки	Эффективность устранения ХПК 98,36%	Ву и др, 2019
Электроды в алюминий	Красный краситель 14	Скорость ликвидации 82,2% и 85,5% соответственно для ХПК и TSS соответственно	Варанк и др, 2014
Невращающийся дисковый электрод (NRDE)	Cr и Pb	Cr = 87,9 Pb = 97,5	Икбал и др., 2023
Вращающийся дисковый электрод (RDE)			
Вращающийся дисковый сетчатый электрод (RDME)			
Алюминиевые электроды	Сточные воды бумажных фабрик	Снижение от 32 до 68% ХПК и от 24 до 46% ТОС	Зоди и др., 2011
Железные электроды	Стоки от дубления на масло	Пособие в размере 89,65 % от ХПК	Маха Лакшми и др, 2013

2.2 Принцип

Электрокоагуляция - это электрохимический процесс, который заключается в генерировании в электролизной ячейке ионов, способных вызвать коагуляцию коллоидных частиц путем растворения анодов при подаче тока **(рис. 2.1)**. Ионы металлов в растворе соединяются с растворимыми полимеризованными гидроксидами в зависимости от pH среды. Эти вещества действуют как коагулянты, сначала дестабилизируя коллоидные частицы, подлежащие удалению. Гидроксиды реагируют со взвешенными твердыми частицами и некоторыми растворенными соединениями, позволяя им коагулировать и флокулировать агломерированные частицы (Bensaid, 2007). После очистки стоки декантируются для отделения прозрачной жидкости. Окисление алюминия на аноде сначала дает ионы Al^{3+}, которые затем образуют гидроксид алюминия $Al(OH)_3$ (Zodi, 2012).

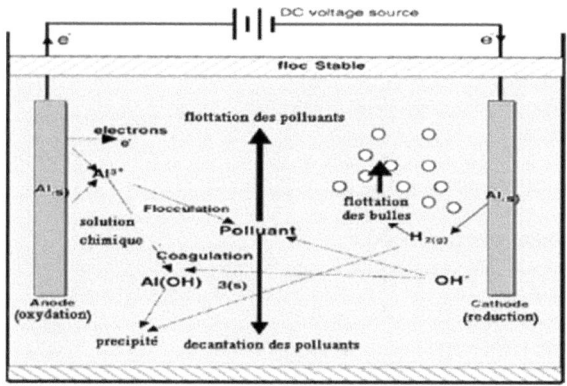

Рисунок 1.1: Схематическая диаграмма принципа электрокоагуляции (Bennajah, 2007).

Используемые аноды и катоды могут иметь различную конфигурацию. Они могут быть в виде пластин, проволоки, стержней или труб. Эти электроды могут быть изготовлены из различных металлов, которые выбираются для оптимизации процесса обработки. Обычно используются два металла - железо и алюминий (Zongo, 2009). Основные реакции, происходящие с электродами (в случае алюминиевых электродов)

На аноде происходит окисление, и металл переходит из твердого состояния в ионное в соответствии с формулой

реакция :

$$Al \rightarrow Al^{3+} + 3e^-　\text{(Eq I.1)}$$

Из-за очень отрицательного стандартного потенциала пары Al/Al3+ алюминий реагирует с водой следующим образом
в присутствии анионов катализатора, таких как хлориды (Zongo, 2009).

$$2Al + 6H_2O \rightarrow 2Al^{3+} + 6OH^- + 3H_2　\text{(Eq I.2)}$$

На катоде электролиз воды происходит в соответствии со следующей реакцией:

$$2H_2O + 2e^- \rightarrow H_2 + 2OH^-　\text{(Eq I.3)}$$

Это высвобождение гидроксид-ионов вблизи катода увеличивает pH, и можно предположить реакцию Eq I.4.

(Eq I.4)

$$\hookrightarrow$$

2Al + 2OH- + 6 H2O2 Al (OH)4- + 3H2

В случае алюминиевого анода образуется катион металла Al^{3+}

Можно провести различие между :

- Монокомплексы, такие как Al(OH) 2+, Al (OH)2+, Al(OH)4-, в следующих реакциях обобщаются следующим образом:

$$Al^{3+} + H_2O \rightarrow Al(OH)^{2+} + H^+　(Eq.I.5)$$

$$Al(OH)^{2+} + H_2O \rightarrow Al(OH)_2^+ + H^+$$
(Eq.I.6)

$$Al(OH)_3 + \rightarrow Al(OH)_4^- + H^+　(Eq.I.7)$$

Поликомплексы, такие как Al2(OH)24+, Al2(OH)5+, Al6(OH)153+, Al13(OH)345+.

- Аморфные виды имеют очень низкую растворимость, такие как Al(OH)3,

Al_2O_3

Эти виды действуют как коагулянты, приводя к образованию осадков, а затем флокул, которые легко удалить. Осадок обычно удаляется ниже по течению от электрохимического реактора с помощью отстойника (Gao et al., 2005). В некоторых случаях осадок извлекается из самого реактора (Hansen et al., 2002). В большинстве случаев для этого используются процессы, предназначенные как для КЭ, так и для декантации или флотации. В большинстве случаев флотация осуществляется с помощью нагнетания сжатого воздуха.

3. ПРОЦЕСС АДСОРБЦИИ

3.1 Общая информация о природных соединениях карбоната кальция

3.1.1 Определение

Карбонат кальция ($CaCO_3$) - одно из самых распространенных ионных соединений (с точки зрения географического распространения и обилия) в минеральных осадках биологического происхождения, особенно морских и геологических организмов (Günther et al., 2005). Недорогие порошки $CaCO_3$ широко используются в качестве наполнителей в резине, пластмассах, бумажной промышленности, печатных красках, косметике, зубной пасте и пищевой промышленности. В ряде исследований карбонат кальция также рассматривался с целью предотвращения образования накипи в промышленных установках (Tadier, 2009). Основной структурной особенностью карбонатов является наличие иона CO_3^{2-} и иона кальция (Ca^{2+}) (рис. 1.2). Атомы углерода занимают центр равностороннего угла, каждая вершина которого занята атомом кислорода. Карбонат-ион соединен с двухвалентными катионами кальция.

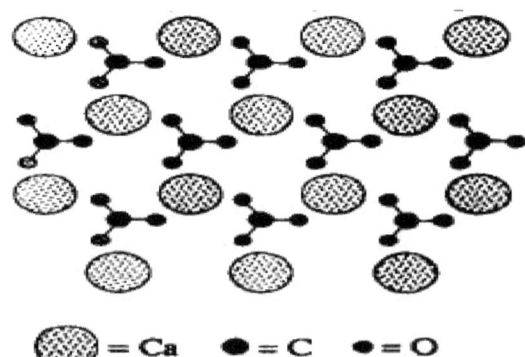

Рисунок 3.2: Кристаллографическая структура карбонатов кальция (Behrens et al, 1995).

2.1.3 Классификация карбонатов кальция.

Карбонат кальция - это ионное соединение, которое существует в шести различных аллотропных формах, перечисленных здесь в порядке уменьшения стабильности в растворе: кальцит, арагонит, ватерит, моногидрат CaCO3, гексагидрат CaCO3 и CaCO3аморф.

1- Кальцит :

Кальцит - термодинамически стабильный полиморф карбоната кальция, встречающийся в природе во многих формах.

2- Арагонит :

Эта метастабильная форма карбоната кальция является основным компонентом жемчуга, кораллов и раковин многих живых существ.

3- Ватерит :

В отличие от кальцита и арагонита, ватерит очень редко встречается в природных минералах (Grasby, 2003). При контакте с водой ватерит очень неустойчив и обычно кристаллизуется как кальцит. Однако он встречается в раковинах улиток (Ma and Lee, 2006).

4- Моногидрат CaCO3 :

Он кристаллизуется в гексагональной системе в виде сферулитов. В отсутствие ингибитора он нестабилен и переходит в одну из безводных форм (Kralj and Brecevic, 1995). CaCO3,H2O является необходимым предшественником для прорастания CaCO3 при низком пересыщении (Gal et al., 2002). Его продукт растворимости составляет между 25 и 60°C нижний предел, который должен быть превышен, чтобы произошло спонтанное прорастание (Elfil et Roques, 2001).

5- Гексагидрат CaCO3 :

Его получают путем двойного разложения смеси двух растворов CaCl2 и Na2CO3 при температуре около 0°C. Начиная с 6°C, CaCO3, 6H2O быстро разлагается на одну из безводных форм (Bischoff et al., 1993).

6- Аморфный CaCO :

Аморфный карбонат кальция или CCA обычно встречается в коллоидной форме. Это единственный некристаллический полиморф $CaCO_3$; он изотропен к поляризованному свету, а его рентгеновская дифрактограмма показывает диффузный ореол. Однако для CCA характерен короткодействующий порядок (Levi-Kalisman et al., 2002).

2.1.4 Примеры карбонатных адсорбентов, используемых для удаления тяжелых металлов

Для очистки сточных вод, содержащих тяжелые металлы, используется несколько карбонатных адсорбентов. В таблице I.5 приведены некоторые примеры

Таблица 1.2: Некоторые карбонатные адсорбенты, испытанные для удаления тяжелых металлов

Металл	Материал	C0 (мг/л)	qm (мг.г-1)	Ссылка
Pb (II)	Мраморный порошок	4000	101,6	Ghazy et al, 2014
Cu (II)	Известняк	2	0,0126	Азиз и др., 2004
Cr (VI)	Доломит	50	9,98	Альбадарин и др., 2012
Ac (III)	Доломит	2	1,61	Саламех и др., 2010
Pb (II)	Карбонат гидроксипатита	1000	101	Дексиан и др., 2010
Cd(II)	Яичная скорлупа	350	3,67	Хосе Валенте и др, 2013

Принцип адсорбции

Адсорбция - это поверхностное явление, при котором молекулы вещества, называемого адсорбатом, из твердого тела или газа прикрепляются к поверхности твердого тела, называемого адсорбентом. Этот процесс основан на межмолекулярном притяжении, которое поддерживается остаточными силами, направленными наружу. Эти силы представляют собой поверхностную энергию на единицу площади, сравнимую с поверхностным натяжением жидкостей. Они нейтрализуются, когда подвижные частицы (газ или растворитель) прикрепляются к поверхности, что называется адсорбцией (Talidi, 2006). Процесс адсорбции продолжается до достижения равновесия, которому соответствует равновесная концентрация растворителя (рис. 1.3).

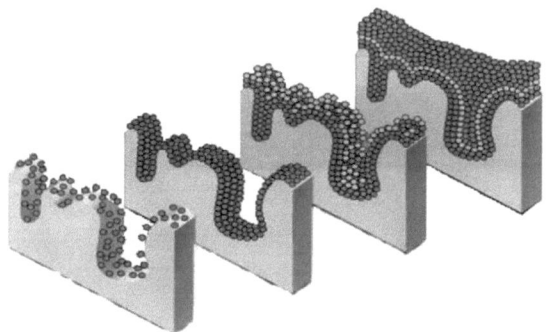

Рисунок 1.3: Представление адсорбции адсорбата на поверхности адсорбента (Khairo, 2010).

2- Материалы и экспериментальные протоколы

2.1 Выборка

2.1.1 Брак хромового дубления

В рамках этого углубленного исследования был проведен тщательный отбор проб хромового дубления. Особый интерес данного исследования заключается в том, что оно посвящено стокам, образующимся на полутрадиционном кожевенном заводе, расположенном в исторически и культурно богатом районе древнего города Марракеш. Это место обеспечивает уникальный контекст для изучения практики дубления и ее воздействия на окружающую среду. Образцы были взяты именно из барабана для хромового дубления. Этот метод дубления, в котором используются соли хрома, широко распространен благодаря своей способности производить эластичную и прочную кожу. Однако он создает значительные экологические проблемы, в частности, из-за выброса жидких отходов, содержащих хром. На рисунке 2.1, включенном в отчет, показано точное место отбора проб на территории кожевенного завода, что дает наглядное представление о процессе сбора. При сборе проб соблюдался строгий протокол очистки пластиковых бочек. Эта процедура включала несколько важнейших этапов, обеспечивающих чистоту и отсутствие загрязнения образцов. Сначала барабаны промывались с моющим средством, чтобы удалить остатки и загрязнения с поверхности. После этого барабаны ополаскивались водопроводной водой для удаления следов моющего средства. На третьем этапе барабаны ополаскивались отбеливателем, мощным чистящим средством, для обеспечения тщательной дезинфекции. Наконец, проводилось тщательное ополаскивание дистиллированной водой, чтобы удалить возможные остатки отбеливателя и убедиться, что в барабанах нет никаких примесей, которые могли бы повлиять на качество образцов. Такая тщательная процедура сбора и строгий протокол очистки отражают стремление исследования поддерживать высокий уровень методологической целостности, что необходимо для обеспечения надежности и достоверности результатов исследования.

Рисунок 2.1: Фотография фуллера, используемого для хромового дубления

Адсорбент

Процесс сбора и подготовки яичной скорлупы для эксперимента тщательно продуман и хорошо организован. Изначально скорлупа собирается в различных небольших ресторанах, таким образом, выбирается источник, который является одновременно обильным и легкодоступным. Этот шаг отражает подход к переработке и утилизации отходов, превращая выброшенный продукт в полезный ресурс. После сбора скорлупа подвергается тщательной очистке. Использование водопроводной воды для их промывки гарантирует удаление остатков пищи и других возможных загрязнений. Этот шаг очень важен для обеспечения чистоты материала перед его использованием в научных экспериментах. После промывки раковины оставляют сушиться при комнатной температуре. Эта естественная сушка - простой, но эффективный метод подготовки раковин без изменения их свойств. Процесс продолжается измельчением сухих раковин. Цель этого этапа - получить однородный размер частиц, соответствующий конкретным потребностям эксперимента. Последующее просеивание позволяет классифицировать частицы измельченной раковины по различным размерам, что гарантирует стандартизацию, необходимую для точных и достоверных экспериментов. Затем измельченная скорлупа хранится в дезиккаторах - контролируемой среде, которая сохраняет ее сухой и готовой к использованию до дня проведения эксперимента. Яичная скорлупа была выбрана в качестве материала для данного исследования по нескольким причинам: в изобилии произрастающая в Марокко, эта скорлупа экологически безвредна и не представляет опасности для окружающей среды. Она обладает значительной способностью поглощать тяжелые металлы, как показали различные исследования (Ghazy and Gad, 2014; Ghazy et al., 2014; Daraei et al., 2015; Dexiang et al., 2010; Chojnacka, 2005).

2.1.2 Электроды

В данном исследовании особое внимание уделено выбору и подготовке электродов - ключевых элементов процесса электрокоагуляции. Использовались два типа алюминиевых электродов: из дюралевого алюминия и чистого алюминия. Эти электроды, прямоугольной формы и расположенные параллельно, играют решающую роль в эффективности электрокоагуляции.Перед использованием поверхности алюминиевых листов подвергались тщательной обработке. Для этого поверхности шлифовались наждачной бумагой. Главной целью этого шага было стандартизировать состояние поверхности электродов, гарантируя однородность, которая необходима для оптимальной работы процесса электрокоагуляции. Кроме того, шлифовка удаляла загрязнения и отложения, которые могли загрязнить электроды, обеспечивая большую эффективность и надежность экспериментов. После каждого сеанса электрокоагуляции электроды аккуратно извлекались из реактора. Такое регулярное извлечение необходимо для поддержания целостности и функциональности электродов. Остатки от разложения загрязняющих веществ во время электрокоагуляции могут накапливаться на поверхности электродов, снижая их эффективность. Для устранения этой проблемы проводится тщательная очистка с использованием 0,2 N раствора соляной кислоты. Эта процедура очистки эффективно удаляет отложения загрязняющих веществ и предотвращает образование на электродах стойкого слоя, который может ухудшить их работу.

Рисунок 2.2: Фотография электродов из дюралевого алюминия (a) и чистого алюминия (b)

2.1.4 Физико-химические анализы Химическая потребность в кислороде (ХПК)

ХПК соответствует потреблению кислорода, необходимого для полного окисления органических веществ в сточных водах хромового дубления. ХПК определяется по методу дихромата калия в соответствии со стандартом AFNOR T 90-101, 1983. ХПК измеряется с помощью спектрофотометра Zuzi 4201/20 UV/Visible.

Минерализация сточных вод и дозирование хрома

Золу, полученную после прокаливания образцов брака хромового дубления в печи при 450°C, разбавляют в растворе кислоты, содержащем 3 мл азотной кислоты (чистой) и 1 мл соляной кислоты (чистой). Зольный раствор кипятят в песчаной бане под вытяжным шкафом при 100°C до получения прозрачного раствора, при этом добавляют кислоту, чтобы предотвратить высыхание тигля. После охлаждения полученный раствор доводят до 10 мл дистиллированной водой и хранят в пластиковых пробирках для гемолиза. Хром определяют с помощью атомно-абсорбционной спектрофотометрии (ААС) Thermo Scientific ICE 3000 - элементарного метода анализа, использующего свойства атомов, возбуждаемых внешней энергией в виде фотонов определенной частоты.

2.1.5 Морфологическая и физико-химическая характеристика адсорбентов

2.1.5.1 Морфологические свойства Размер частиц

Гранулометрический состав адсорбентов измеряется с помощью лазерного дифрактометра, основанного на угловом изменении интенсивности света, рассеянного при прохождении лазерного луча через образец дисперсных частиц. В данной работе использовался дифрактометр типа Malvern Mastersizer.

FTIR

Инфракрасный анализ проводился на гранулах бромида калия (KBr), приготовленных в следующих пропорциях: 300 мг KBr и 5 мг тонко измельченного материала. Для получения гранул необходимо взять 30 мг смеси. Гранулы анализировали при волновых числах от 400 до 4000 см-1 с помощью дисперсионного прибора Perkin Elmer (Spectrum One, FTIR Spectrometer).

Пористость

Применяется метод ртутного прозиметра. Ртуть - это несмачиваемая, нереактивная жидкость, которая проникает в поры только под внешним давлением.

Удельная площадь поверхности по методу БЭТ

Принцип этой методики основан на измерении объема жидкого азота, необходимого для образования монослоя молекулы газа на поверхности образца, в соответствии с теорией изотермической адсорбции в газовых мультислоях. Перед каждым испытанием порошки дегазировались при 200°C в течение 5 часов. Все полученные результаты определены при температуре жидкого азота 195°C. Использовался прибор Micrometrics ASAP 2000.

Сканирующая микроскопия

Сканирующая электронная микроскопия (СЭМ) - это метод электронной микроскопии, основанный на принципе взаимодействия электронов с веществом и позволяющий получать изображения поверхности образца с высоким разрешением. Принцип сканирования заключается в последовательном сканировании поверхности образца и передаче сигнала детектора на катодно-лучевой экран, сканирование которого точно синхронизировано с падающим лучом.

Физико-химические свойства

Атомно-флуоресцентная спектрометрия, также известная как рентгеновская флуоресцентная спектрометрия, является широко распространенным методом качественного и количественного анализа. С его помощью можно идентифицировать и измерять все элементы от углерода и далее, иногда в следовых количествах, в самых разных образцах: жидкостях, сплавах, порошках и керамике. Он основан на испускании атомами характерного излучения после ионизации. Это неразрушающий метод, использующий флуоресценцию элементов в рентгеновских лучах, для получения количественной информации о составе материала.

Изоэлектрический pH

Точка нулевого заряда pHPZC - это параметр, соответствующий pH, при котором поверхность твердого тела имеет нулевой заряд. Для определения pHPZC наших адсорбентов мы использовали метод, описанный Ферро-Гарсией и др. (1998) и Сонтхаймером и др. (1988). Этот метод заключается в добавлении раствора соляной кислоты (1N) или гидроксида натрия (1N) к 50 мл раствора NaCl (0,01 M), находящегося в термостатируемой камере, поддерживаемой при температуре 25°C. Когда pH раствора NaCl установится, добавляют 0,05 г адсорбента. Смесь оставляли перемешиваться на 48 часов, после чего фиксировали конечный pH.

2.2 Описание экспериментальных протоколов

Метод электрокоагуляционной обработки

В процессе очистки часть данных собирается и записывается в режиме реального времени с помощью различных измерительных приборов, например, датчиков, регистрирующих pH и электрическое напряжение в камере. В то же время некоторые данные можно получить только с помощью периодических проб, которые затем анализируются в лаборатории для определения конкретных параметров, таких как концентрация алюминия, хрома и химическая потребность в кислороде (ХПК). Эти эксперименты проводятся с помощью электрокоагулятора, работающего в непрерывном рециркуляционном контуре. Подробная структура этого оборудования показана и описана на рис. 2.3, где показаны различные компоненты, составляющие систему электрокоагуляции.

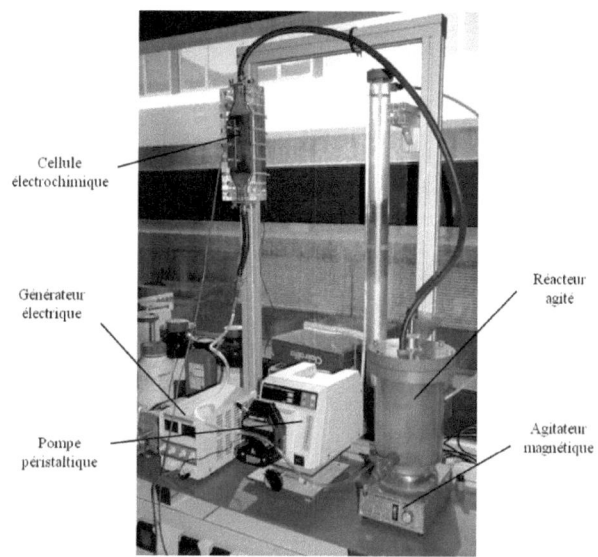

Рисунок 2.3: Фотография экспериментальной установки для электрокоагуляции

Это корпус, в котором происходят электрохимические реакции, способствующие очистке. Два плоских параллельных алюминиевых электрода помещаются между ними, по которым протекает очищаемый сток. Электроды помещены в плексигласовый кожух. Электрическое соединение осуществляется с помощью винтов с резьбой, утопленных в каждый электрод. Электроды располагаются вертикально, жидкость течет снизу вверх. С помощью генератора тока на параллельные металлические пластины подается постоянный ток, который обеспечивает равномерное растворение металла на аноде и регулярное выделение газа на катоде.

• **Перистальтический насос**

Перистальтический насос циркулирует сточные воды в контуре очистки. Мы работали при постоянной скорости потока 150 мл/мин. В литературе описано несколько предварительных испытаний, которые показали, что скорость потока не оказывает существенного влияния на процесс очистки.

• **Реактор с мешалкой**

Цилиндрический реактор помещается на мешалку, в которой гомогенизируется обрабатываемый сток. Мы работали при постоянной скорости перемешивания 200 об/мин - скорости, выбранной таким образом, чтобы не разрушать флокулы, но достаточной для получения однородной смеси. Реактор имеет входное отверстие для стоков в верхней части и боковой кран в нижней части для отбора проб.

• **Стабилизированное электропитание**

Стабилизированный источник питания переводит переменный ток из сети в постоянный с максимальной силой тока и напряжения 5 А и 60 В соответственно. Этот источник питания использовался при постоянном токе во всех испытаниях.

2.2.2 Метод адсорбционной обработки

В данном исследовании мы используем экспериментальное устройство на основе терморегулируемой мешалки. Для каждого испытания 50 мл сточных вод, смешанных с адсорбентом, вносятся в колбы емкостью 100 мл. Затем колбы помещают в шейкер, где их перемешивают. Они подвергаются постоянному перемешиванию со скоростью 200 об/мин при стабильной температуре 25°C, как показано на рис. 2.4. После определенного экспериментального периода образцы фильтруются с помощью фильтровальной бумаги диаметром 2 мкм. После этого этапа фильтрации проводится анализ остаточной концентрации хрома в осветленной жидкости. Эта концентрация измеряется методом атомно-абсорбционной спектрофотометрии (A.A.S.) - точной методики количественного определения присутствия хрома в образцах.

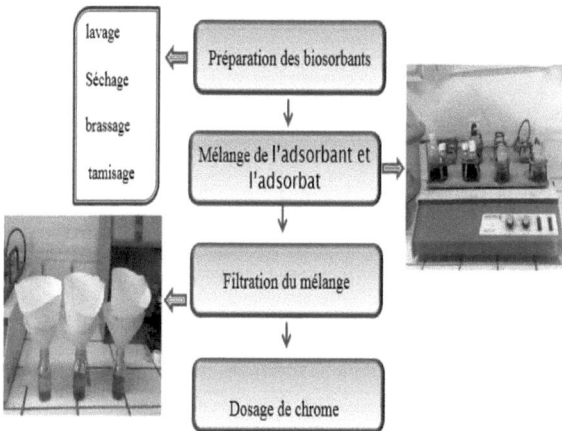

Рисунок I.4: Иллюстративная схема этапов экспериментального протокола адсорбции

4. ИНТЕРПРЕТАЦИЯ РЕЗУЛЬТАТОВ

4.1 Влияние времени лечения

4.1.1 Борьба с хромом

Данный раздел исследования посвящен сравнительному анализу изменений концентрации хрома с течением времени с учетом влияния использования продукта и использования продукта.яичной скорлупы в качестве адсорбента.

Для наглядной и понятной визуализации эти данные представлены на рисунке 3.1. На рисунке показаны результаты, полученные по двум отдельным сценариям: электрокоагуляция, проводимая без использования адсорбента (простая электрокоагуляция), и адсорбция, проводимая без процесса электрокоагуляции (простая адсорбция).

Включение этих двух наборов данных рядом друг с другом позволяет провести тщательную сравнительную оценку каждого процесса в отдельности. Такой сравнительный анализ необходим не только для понимания эффективности каждого метода в отдельности, но и для оценки влияния включения яичной скорлупы в процесс электрокоагуляции. Изучая изменения процентного содержания хрома с течением времени, мы можем сделать вывод об эффективности удаления хрома в различных контекстах и экспериментальных условиях. Это позволяет сделать научно обоснованные выводы об относительной эффективности электрокоагуляции и адсорбции как в отдельности, так и в комбинации, что дает ценное представление о глубинных механизмах и потенциальной оптимизации методов очистки.

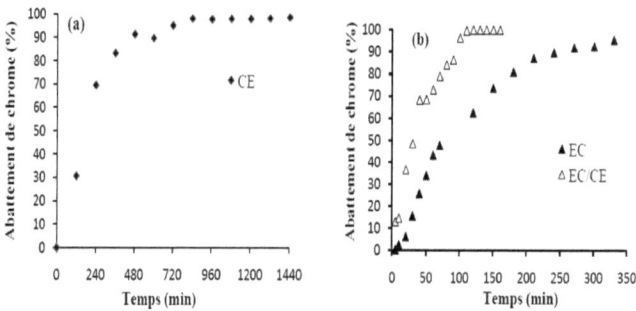

Рисунок 3.1: Влияние времени контакта на скорость адсорбции хрома только адсорбцией (a), только электрокоагуляцией и в сочетании с яичной скорлупой (b)

В эксперименте, сочетающем электрокоагуляцию и адсорбцию с использованием яичной скорлупы (см. рис. 3.1), наблюдалось более быстрое снижение содержания хрома по сравнению с электрокоагуляцией или адсорбцией по отдельности. Уже через 110 минут степень снижения содержания хрома составила почти 99,9 %. Для сравнения, при использовании только электрокоагуляции такой уровень снижения хрома достигается только через 360 минут, а при использовании только адсорбции с использованием яичной скорлупы - через 840 минут. В свете всех этих результатов оказывается, что соединение EC/CE значительно сокращает время контакта по сравнению с электрокоагуляцией или адсорбцией. Сочетание может иметь более значительный эффект, если начальная концентрация Cr превышает 3,2 г/л. В соответствии с литературными данными, некоторые исследователи сочетают адсорбцию яичной скорлупы с другими методами. Петтинато и др. (2015) работали со сточными водами, содержащими тяжелые металлы (Zn, Al...), применяя комбинацию адсорбции (яичная скорлупа) и мембранного биореактора. Эти авторы использовали адсорбцию яичной скорлупы в качестве альтернативного решения для удаления тяжелых металлов (Zn^{2+}, Al^{3+},

Fe2+) из сточных вод и, таким образом, предотвращения ингибирования микроорганизмов, используемых для очистки в мембранном биореакторе. Другие авторы, такие как Вивек Нараянан и др. (2009), протестировали адсорбционно-электрокоагуляционное соединение с использованием активированного угля для очистки воды от синтетического хрома. Полученные результаты показали значительное удаление хрома порядка 94 % за минимальный период времени (20 мин).

Снижение ХПК

Применение адсорбции в качестве единственного метода оказалось неэффективным для значительного снижения химической потребности в кислороде (ХПК). Однако при использовании только электрокоагуляции наблюдалось значительное снижение ХПК до 99 %, хотя для этого потребовалась задержка в 360 минут, как показано в результатах, приведенных в таблице 3.1. Однако стоит отметить, что сочетание электрокоагуляции с адсорбцией значительно повысило скорость удаления ХПК. Фактически, при сочетании этих двух методов (EC/CE) степень удаления ХПК на 99,9% достигается всего за 110 минут, что демонстрирует повышенную эффективность этого комбинированного процесса.

Таблица 3.1: Коэффициент снижения выбросов, найденный для каждой процедуры.

Процесс лечения	Время простоя (мин.)	Максимальный выход ХПК в (%)
Электрокоагуляция (ЭК)	360	99,7
Адсорбция на яичной скорлупе (CE)	1440	10,3
EC/CE	150	99,9

3.2 Влияние плотности тока

Плотность тока является важным параметром в процессе электрокоагуляции (Kobya et al., 2011). По этой причине испытания по обработке стоков хромового дубления методом сцепления проводились при плотности тока от 200 до 400 А/м².

3.2.1 Борьба с хромом

Влияние плотности тока на эффективность удаления хрома показано на рисунке 3.2, где показано изменение эффективности удаления хрома при электрокоагуляции яичной скорлупой. Данные, представленные на рисунке 3.2, показывают, что эффективность удаления хрома повышается по мере увеличения плотности электрического тока с 200 А/м2 до 400 А/м2.

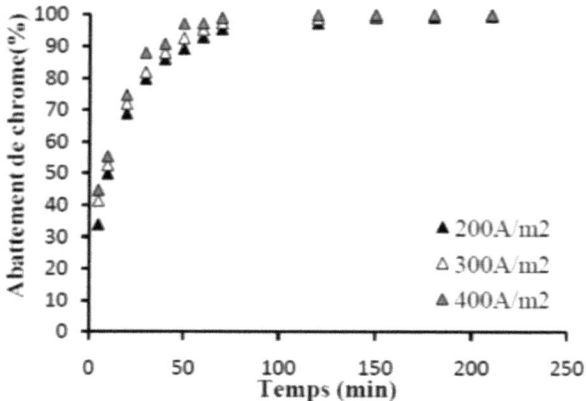

Рисунок 3.2: Влияние плотности тока на скорость адсорбции хрома при соединении с яичной скорлупой (а) ЕС: 20 г/л; Ci: 3,21 г/л.

Замечено, что хотя влияние плотности тока значительно в начале, его значение постепенно уменьшается с течением времени и становится практически незначительным, когда достигается снижение содержания хрома более чем на 99%, даже при плотности тока всего 200 А/м2, применяемой в течение ограниченного времени. Такое значительное улучшение процесса удаления хрома объясняется синергетическим эффектом электрокоагуляции и адсорбции. В частности, увеличение pH за счет добавления адсорбентов способствует ионному обмену и усиливает адсорбцию хрома в процессе обработки, как было отмечено Secula et al. в 2012 году. Согласно литературным данным, такое же поведение наблюдалось Вивеком Нараянаном и др. в 2009 году, которые показали, что при добавлении активированного угля удаление хрома увеличилось до 94% вместо 75% при использовании только электрокоагуляции, при применении плотности тока 267 А/м^2 для обработки растворов синтетического хрома. Кроме того, Кебир и др., 2015, сообщили, что фотокатализ в сочетании с адсорбцией шалфеем улучшил процент удаления хрома с 45% до 82,6% при начальной концентрации около 150 мг/л в сточных водах кожевенного завода.

3.2.2 Снижение ХПК

На рисунке показано влияние плотности тока на удаление ХПК в зависимости от времени при использовании яичной скорлупы (а). Из рисунка видно, что увеличение степени удаления ХПК мало зависит от плотности тока, независимо от используемого адсорбента. Фактически, через 180 мин было достигнуто удаление 95 %, независимо от плотности тока. В данном случае влияние плотности тока становится менее значимым, что объясняется тем, что система, вероятно, выигрывает от повышения pH за счет добавления карбонизированного адсорбента, что благоприятствует удалению электрокоагуляцией и соосаждением. Такие же тенденции наблюдались Перейрой де Карвальо и др., 2015, когда электрокоагуляция сочеталась с адсорбцией на банановых отходах для удаления метиленового синего. Полученные результаты свидетельствуют о

99%-ном удалении при применении низкой плотности тока.

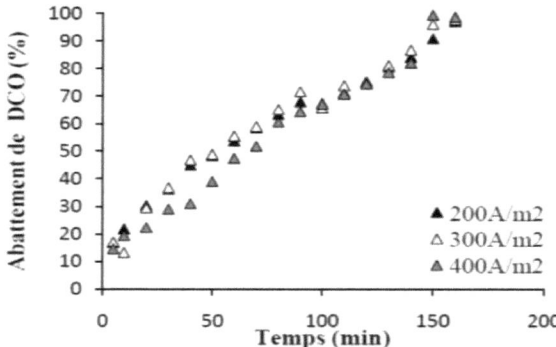

Рисунок 3.3: Влияние плотности тока на скорость адсорбции ХПК при соединении с яичной скорлупой. Плотность тока: 200 А/м2; ЕС: 20 г/л; Ci: 3,21 г/л.

Влияние дозы адсорбента

Для дальнейшего совершенствования адсорбционной электрокоагуляционной обработки мы изучили влияние дозы адсорбента на эффективность удаления хрома и ХПК. Было протестировано несколько доз, от 10 до 20 г/л в случае яичной скорлупы и от 6 до 12 г/л в случае мраморного порошка.

Снижение содержания хрома

На рисунке 3.4 представлено влияние дозы скорлупы на динамику восстановления хрома в зависимости от времени.

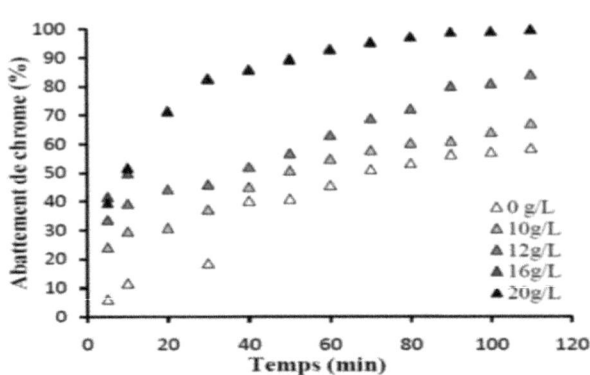

Рисунок 3.4: Влияние дозы яичной скорлупы (а) и мраморного порошка (b) на удаление хрома; плотность тока: 200 А/м^2 ; EC: 20 г/л; Ci: 3,21 г/л.

Как показано на рисунке 3.4, наблюдалось явное улучшение выхода хрома, начиная с дозы 16 г/л, но за пределами этой дозы изменений не наблюдалось.

Снижение ХПК

На рисунке 3.5 показано влияние дозы яичной скорлупы (а) на динамику снижения ХПК в зависимости от времени.

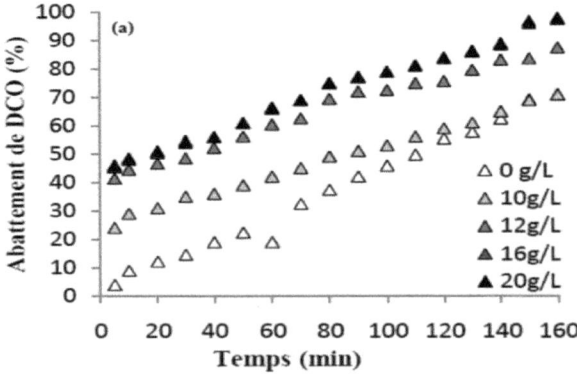

Рисунок 3.5: Влияние дозы яичной скорлупы на удаление ХПК. Плотность тока: 200 А/м^2 ; EC; Ci: 3,21 г/л.

На рисунке 3.5 показано, что эффективность удаления ХПК возрастает с увеличением дозы адсорбента, увеличиваясь с 0 г/л до 16 г/л. Последняя доза является оптимальной для максимального удаления около 95 % после времени контакта 150 мин. Эти результаты показывают, что сочетание электрокоагуляции и адсорбции позволяет минимизировать время контакта и при этом устранить почти все ХПК для двух испытанных адсорбентов. Khirani, 2007 проверил эффективность сочетания адсорбции (активированный уголь) и ионного обмена (смолы). Полученные результаты показали, что соединение изменяет механизмы удержания, что приводит не только к улучшению кинетики, но и к повышению удерживающей способности. Kyung-Wonet et al. (2015) соединили адсорбцию (банановые эклеры) и электрокоагуляцию для улучшения удаления метиленового синего в системах периодического действия. Авторы сообщили, что добавление банановой кожуры в качестве адсорбента привело к быстрому увеличению эффективности удаления метиленовой сини, особенно при малом времени работы, по сравнению с традиционным процессом электрокоагуляции.

ЗАКЛЮЧЕНИЕ

В рамках данного исследования мы изучили эффективность инновационного метода очистки стоков от хромового дубления, объединяющего два взаимодополняющих метода: электрокоагуляцию и адсорбцию с использованием яичной скорлупы в качестве адсорбента. Цель этого подхода - предложить оптимизированное решение для очистки этих стоков, которое будет одновременно более эффективным и экономичным. Результаты, полученные в этом исследовании, особенно значимы.

Они наглядно демонстрируют, что сочетание электрокоагуляции с адсорбцией яичной скорлупы значительно повышает эффективность процесса удаления загрязняющих веществ, в частности хрома и химической потребности в кислороде (ХПК). Это повышение эффективности заметно отличается от показателей, полученных при использовании традиционных методов очистки, что подчеркивает важность этого инновационного подхода

С научной точки зрения, синергия, наблюдаемая между этими двумя методами, поразительна. Интеграция адсорбции в процесс электрокоагуляции позволила существенно снизить необходимую плотность тока, что напрямую влияет на снижение энергопотребления - важнейший фактор при оценке эффективности и устойчивости промышленных процессов. Кроме того, такое сочетание привело к сокращению времени, необходимого для электролиза, что оптимизирует процесс с точки зрения скорости и эффективности. Еще одним примечательным аспектом является сокращение количества необходимого адсорбента.

Такая оптимизация не только делает процесс более экономичным за счет снижения материальных затрат, но и помогает минимизировать экологический след от очистки. Использование яичной скорлупы, побочного продукта, который часто считается отходами, является прекрасным примером применения подхода круговой экономики к управлению промышленными стоками.В заключение, данное исследование показывает, что комбинированное применение электрокоагуляции и адсорбции на яичной скорлупе предлагает эффективное и экологически безопасное решение для очистки стоков хромового дубления. Этот прорыв представляет собой значительное достижение в области управления промышленными сточными водами, открывая многообещающие перспективы для более устойчивых и экономически выгодных методов обработки.

ССЫЛКИ

Альбадарин, А.Б., Мангванди, К., Аль-Мухтасеб, А.Х., Уолкер, Г.М., Аллен, С.Дж., Ахмад, М.Н.М., (2012). Кинетика и термодинамика адсорбции ионов хрома на недорогом доломитовом адсорбенте. Журнал химического машиностроения. 179, 193-202.

AFNOR, (1983). Recueil de norme française: eau, méthodes d'essai, 2-e издание, Париж, стр. 621.

A. Iqbal, K. Qureshi, I. Nazir, U., Z.A., Bhatti, (2023). Эффективное удаление хрома и свинца из сточных вод кожевенных заводов в промышленной зоне Коранги в Карачи с использованием вращающейся дисковой сетки в качестве анодного электрода электрокоагуляции. J. Anal. Environ. Chem. Vol. 24, No. 2 (2023), 231- 239.

Азиз, Х.А., Юссфф, М.С., Адлан, М.Н., Аднан, Н.Х., Алиас, С., (2004). Физико-химическое удаление железа из полуаэробного фильтрата с помощью известнякового фильтра, Управление отходами. 24, 353- 358.

Беренс, Г., Лииса Т. Кун, Р. Убич, Артур Х. Хойер, (1995). Рамановские спектры ватеритного карбоната кальция. Международный журнал быстрой коммуникации. 28, 6.

Беннаджа, М., (2007). Очистка жидких промышленных отходов методом электрокоагуляции/электрофлотации в аэролифтном реакторе. Докторская диссертация, Университет Тулузы, Франция.

Bischoff, J.L., Fitzpatrick, J.A., Rosenbauer, R.J., (1993). Растворимость и стабилизация икаита ($CaCO_3·6H_2O$) от 0 до 25 °C: Экологические и палеоклиматические последствия для тонколиственных туфов. Journal of Geology. 101, 21.

Карвальо, Х.П., Дж. Хуанг, М.З., Г. Лю, Л. Донг, Х. Лю, (2015). Улучшение удаления метиленового синего с помощью электрокоагуляции и адсорбции кожуры банана в системе периодического действия. Александрийский инженерный журнал. 54, (3), 777-786.

Чойнацка, К., (2005). Биосорбция ионов Cr (III) яичной скорлупой. Журнал опасных материалов. B121, 167-173.

Daraei, H., Mittal, A., Nooriseprhr, M., Mittal, J., (2015). Отделение хрома из образцов воды с использованием порошка яичной скорлупы в качестве недорогого сорбента: кинетические и термодинамические исследования. Опреснение и очистка воды. 53, 214-220.

Дексианг, Л., Вэй, З., Сяомин, Л., Ци, Й., Сиу, Й., Лян, Г., Гуанмин, З., (2010). Удаление свинца(II) из водных растворов с помощью карбонатного гидроксиапатита, полученного из отходов яичной скорлупы. Journal of Hazardous Materials. 177, 126-130.

Эльфил, Х., Рокес, Х., (2001). Роль кварцевого микровесов в изучении прорастания карбоната кальция, Entropie, 231, 28.

Гази, С.Е., Гад, А.Х.М., (2014). Отделение свинца путем сорбции на порошкообразных мраморных отходах. Арабский химический журнал.7, 277-286.

Ghazy, S. E., Samra, E. A., Mahdy, M., ElMorsey, S. M., (2014). Кинетическое исследование удаления алюминия из водных образцов путем адсорбции на порошкообразных мраморных отходах. Наука и технология разделения, 40:9, 1797-1815.

Гал, Ж. Й., Фове, Й., Гаше, Н., (2002). Механизмы образования накипи и влияние парциального давления углекислого газа. Часть I. Разработка экспериментального метода и модели масштабирования. Water Research. 36,755.

Гао, П., Чен, Х., Шен, Ф., Чен, Г., (2005). Удаление хрома (VI) из сточных вод с помощью комбинированной электрокоагуляции-электрофлотации без фильтра. Технология разделения и очистки. 43,117-123.

Гюнтер К., Беккер А., Вольф Г., Эппле М., (2005). Синтез in-vitro и структурная характеристика аморфного карбоната кальция, Z. Anorg. Allg. Chem. 631, 2830-2835.

Хансен, В., Стиллер, К., Ватерлоо, Г., Гьоннес, Й., Ли, X.Z., (2002). Структуры и превращения при искусственном старении промышленного сплава Al-Zn-Mg-Zr серии 7XXX. Форум по материаловедению. 396-402, 815-820.

Хосе Валенте, Ф.К., Роберто, Л.Р., Йовита М-Б., Роза Мария, Г-К., Антонио, А-П., Глэдис Джудит, Л-Д., (2013). Механизм сорбции Cd (II) из водного раствора на скорлупе куриных яиц. Прикладная наука о поверхности. 276, 682-690.

Кебир, М., Трари, М., Маачи, Р., Насраллах, Н., Беллал, Б., Амран, А., (2015). Актуальность гибридного процесса, сочетающего адсорбцию и фотокатализ в видимом свете с использованием новой гетеросистемы $CuCo_2O_4/TiO_2$ для удаления шестивалентного хрома. Journal of Environmental Chemical Engineering. 3, 548-559.

Хайро, (2010). Удаление As на активированном угле. Магистерская диссертация, Университет
Аннаба, Тунис.

Хирани, С., (2007). Гибридные процессы, сочетающие мембранную фильтрацию и адсорбцию
/Ионный обмен для очистки сточных вод с целью повторного использования. Диссертация
Докторская степень. Тулузский национальный институт прикладных наук.

Кобия, М., Демирбас, Э., КАН, О.Т., Баймоглу, М., (2006). Обработка раствора текстильного красителя левафликс оранжевый методом электрокоагуляции. J Hazard. Mater B 132 183-188.

Кобя, М., Гебологлу, У., Улу, Ф., Ончел, С., Демирбас, Э., (2011). Удаление мышьяка из питьевой воды методом электрокоагуляции с использованием Fe- и Al-электродов. Electrochimica Acta. 56, 5060-5070.

K.w. Jung, D.S. Park, K.H. Ahn, (2015). Повышение эффективности обесцвечивания кислотного оранжевого 7 с помощью комбинированной системы гранулированный-активированный уголь в электрическом поле и ее статистическая оптимизация с помощью методологии поверхности отклика. Экологический прогресс и устойчивая энергетика. 34 (6), 1674-1682.

Levi-Kalisman Y., Raz S., Weiner S., Addadi L., Sagi I., (2002). Структурные различия между биогенными аморфными фазами карбоната кальция с помощью рентгеновской абсорбционной спектроскопии, Advanced Functional Materials 12 (1), 43-48.

Маха Лакшми, П., Сивашанмугам, П., (2013). Очистка сточных вод от масляного дубления с помощью электрокоагуляции: Влияние ультразвука и гибридного электрода на удаление ХПК. Технология разделения и очистки. 116, 378-384.

M. Wu, Y. Hu, R. Liu, S. Lin, W. Sun, H. Lu, (2019). Метод электрокоагуляции для очистки и повторного использования сточных вод переработки сульфидных минералов: характеристика и кинетика. Sci.Total Environ. 696.

Петтинато, М., Чакраборти, С., Арафат Хассан, А., Калабро, В., (2015). Яичная скорлупа: Зеленый адсорбент для удаления тяжелых металлов в системе MBR. Экотоксикология и безопасность окружающей среды. 121, 57-62.

Пикард, Т., (2000). Вклад в исследование реакций на электродах в связи с применением электрокоагуляции. Докторская диссертация - Лаборатория наук о воде и окружающей среде, Лиможский университет.

Pourbaix, M., (1963). Атлас электрохимических равновесий при 25°C, изд. Готье-Вилларс, Париж. 170.

Отчет "Горизонт 2030" по Средиземноморью, (2024). Европейское агентство по окружающей среде. REEM, (2015). Третий доклад о состоянии окружающей среды Марокко.

Саламех, Й., Аль-Лагтах, Н., Ахмад, М.Н.М., Аллен, С.Дж., Уолкер, Г.М., (2010). Кинетические и термодинамические исследования адсорбции мышьяка на доломитовых сорбентах, Chemical Engineering Journal. 160, 440-446.

Самаке, Д., (2008). Очистка сточных вод кожевенных заводов с использованием материалов на основе глины. Докторская диссертация, Университет Жозефа Фурье в Гренобле и Университет Бамако.

Секула, М-С., Каньон, Б., де Оливейра, Т-Ф., Чедевиль, О., Фодуэ, Х., (2012). Удаление кислотного красителя из водных растворов с помощью электрокоагуляции / адсорбционного соединения GAC: Кинетика и эксплуатационные расходы на электрокоагуляцию. Журнал Тайваньского института инженеров-химиков. 43, 767-775.

Тиаиба, М., Мерзук, Б., Амур, А., Мазур, М., Леклерк, Ж-П., Лапик, Ф., (2019). Опреснение и очистка воды: Влияние режима подключения электродов и типа тока в процессе электрокоагуляции на удаление текстильного красителя.

Талиди, А., (2006). Исследование лимитирования хрома и метилового спирта в водной среде путем адсорбции на пирофиллите, обработанном и не обработанном. Докторская диссертация, Университет Мохаммеда V, Рабат, Марокко.

Варанк, Г., Эркан, Х., Язычи, С., Демир, А., Энгин, Г. (2014). Электрокоагуляция сточных вод кожевенного завода с использованием монополярных электродов: Оптимизация процесса по методологии поверхности отклика. Int. J. Environ. Res. 8(1):165-180.

Вивек Нараянан, Н., Ганесан, М., (2009). Использование адсорбции с помощью гранулированного активированного угля (GAC) для повышения эффективности удаления хрома из синтетических сточных вод с помощью электрокоагуляции. Journal of Hazardous Materials. 161, 575-580.

Зоди, С., (2012). Исследование очистки стоков сложного состава методом электрокоагуляции и взаимосвязи между электрохимической обработкой и стадией разделения: применение в текстильной и бумажной промышленности. Докторская диссертация. Университет Лотарингии, Нанси, Франция.

Зоди, С., Луве, Ж.Н., Мишон, К., Потье, О., Понс, М.Н., Лапик, Ф., Леклерк, Ж.П., (2011). Электрокоагуляция как третичный метод очистки сточных вод бумажных фабрик: Удаление небиоразлагаемых органических загрязнений и мышьяка. Технология разделения и очистки. 81, 62- 68.

Зонго, И., (2009). Экспериментальное и теоретическое исследование процесса электрокоагуляции: применение для очистки двух текстильных стоков и смоделированных стоков кожевенного завода. Докторская диссертация, Университет Нанси, Франция.

I want morebooks!

Buy your books fast and straightforward online - at one of world's fastest growing online book stores! Environmentally sound due to Print-on-Demand technologies.

Buy your books online at
www.morebooks.shop

Покупайте Ваши книги быстро и без посредников он-лайн – в одном из самых быстрорастущих книжных он-лайн магазинов! окружающей среде благодаря технологии Печати-на-Заказ.

Покупайте Ваши книги на
www.morebooks.shop

info@omniscriptum.com
www.omniscriptum.com

Printed by Books on Demand GmbH, Norderstedt / Germany